U0363487

中国当代建筑100

筑境

脊饰

筑境

中国精致建筑100

中国建筑工业出版社

出版说明

中国是一个地大物博、历史悠久的文明古国。自历史的脚步迈入新世纪大门以来，她越来越成为世人瞩目的焦点，正不断向世人绽放她历史上曾具有的魅力和光辉异彩。当代中国的经济腾飞、古代中国的文化瑰宝，都已成了世人热衷研究和深入了解的课题。

作为国家级科技出版单位——中国建筑工业出版社60年来始终以弘扬和传承中华民族优秀的建筑文化，推动和传播中国建筑技术进步与发展，向世界介绍和展示中国从古至今的建设成就为己任，并用行动践行着"弘扬中华文化，增强中华文化国际影响力"的使命。从20世纪80年代开始，中国建筑工业出版社就非常重视与海内外同仁进行建筑文化交流与合作，并策划、组织编撰、出版了一系列反映我中华传统建筑风貌的学术画册和学术著作，并在海内外产生了重大影响。

"中国精致建筑100"是中国建筑工业出版社与台湾锦绣出版事业股份有限公司策划，由中国建筑工业出版社组织国内百余位专家学者和摄影专家不惮繁杂，对遍布全国有历史意义的、有代表性的传统建筑进行认真考察和潜心研究，并按建筑思想、建筑元素、宫殿建筑、礼制建筑、宗教建筑、古城镇、古村落、民居建筑、陵墓建筑、园林建筑、书院与会馆等建筑专题与类别，历经数年系统科学地梳理、编撰而成。本套图书按专题分册，就其历史背景、建筑风格、建筑特征、建筑文化，结合精美图照和线图撰写。全套100册、文约200万字、图照6000余幅。

这套图书内容精练、文字通俗、图文并茂、设计考究，是适合海内外读者轻松阅读、便于携带的专业与文化并蓄的普及性读物。目的是让更多的热爱中华文化的人，更全面地欣赏和认识中国传统建筑特有的丰姿、独特的设计手法、精湛的建造技艺，及其绝妙的细部处理，并为世界建筑界记录下可资回味的建筑文化遗产，为海内外读者打开一扇建筑知识和艺术的大门。

这套图书将以中、英文两种文版推出，可供广大中外古建筑之研究者、爱好者、旅游者阅读和珍藏。

目录

脊饰

中国古建筑千姿百态，在世界建筑之林独树一帜，富有艺术魅力。屋顶则是中国古建筑最富于艺术魅力的组成部分之一，是建筑的冠冕。冠冕上有着各种装饰，装饰题材丰富多样，有双龙戏珠，也有游龙卷草、双龙腾飞、龙凤呈祥等，式样万千，令人眼花缭乱，目不暇接。以广州陈氏书院脊饰为例，题材就有飞龙、松鹤延年、福禄寿、功名富贵、百子千孙、梅雀、凤凰和合、祝寿图、群狮图、虬髯客与李靖、群仙祝寿、群仙会、太白退番书、福在眼前、刘海戏金蟾、英雄独立、八仙、香山九老、九鱼图、麻姑献酒、福禄双全、鳌鱼倒立、独角狮、福寿如意、蟠龙、金玉满堂、山水图、清代羊城八景（镇海层楼、琶洲砥柱、孤兀禺山、五山霞洞、浮丘丹井、西樵云瀑、东海鱼珠、粤秀连峰）、花鸟图、公孙玩乐、菊花寿带鸟、张松看孟德新书、竹林七贤等，种类齐全，名目繁多，令观赏者赞叹不已。参观者犹如进入一个中国历史文化博物馆，可以尽情领略中华文化的绚丽多彩，体会中华文化的博大精深。中国古建筑的脊饰从龙、凤到各种飞禽走兽，从神佛仙道到凡夫俗子，从帝王将相到才子佳人，从日月星辰到山川万物，可谓包罗万象，无所不有。其脊饰的文化渊源，最久远的可以溯至远古人类的生殖崇拜文化；稍近些，则与图腾崇拜文化、祖先崇拜文化有关，并与宗教文化、民族文化、民俗文化交织融合，从而产生了千姿百态富有特色的中国古建筑的脊饰。

图0-1 双龙戏珠脊饰（福建厦门南普陀）／上图
闽南建筑脊饰富有特色，建筑正脊弯曲，两端翘起，如同燕尾。其龙饰形态生动，富于动感。脊饰常用影瓷片镶嵌，色彩艳丽。龙珠上以宝塔作为脊刹。佛塔中有佛舍利，它与龙珠成为一体，体现了佛教文化的中国化

图0-2 双龙戏珠脊饰（广东江门陈白沙祠）／下图
岭南建筑富于特色，牌坊、亭子等小建筑屋脊有的采用船形，这座白沙祠牌坊就是如此。双龙起伏平稳，不及福建闽南建筑的动感

图0-3 双龙戏珠脊饰（广西恭城文庙）
该脊饰为清代佛山所遗琉璃脊饰，双龙生动，脊上有数以百计的人物山水、亭台楼阁、飞禽走兽等，好似一个大舞台，十分壮观

图0-4 双龙戏珠脊饰（南京夫子庙）
夫子庙为近年重建，是按江苏古建筑式样设计建造的。江苏古建筑脊饰多为黑白二色，淡雅清秀脊饰多用灰塑

图0-5 双龙腾飞戗脊（湖南大庸普光寺）
湘西大庸市脊饰有地方特色，戗脊双龙造型生动，有腾飞之感

图0-6 龙凤呈祥戗脊（广东佛山祖庙）（上图）
龙、凤是我国先民的图腾，后来演化为中华民族的象征，成为
吉祥之物。龙凤呈祥是我国艺术创作常见主题，用在脊饰也屡
见不鲜。在龙凤之外还有狮子，也是吉祥的象征。

图0-7 龙凤呈祥戗脊（厦门南普陀）（下图）
闽南脊饰以色彩瑰丽著称。该戗脊上龙有翅膀，乃飞舞之龙
凤在龙下，卷草为凤羽毛。其设计构思别出心裁，龙飞凤舞，
十分生动。

一、凤舞神州

中国古建筑早期脊饰曾一度以凤鸟为主角，这与神州远古的生殖崇拜文化及后来的图腾崇拜文化有关。

正如恩格斯所说，生产本身有两种："一方面是生活资料即食物、衣服、住房以及为此所必需的工具的生产；另一方面是人类自身的生产，即种的繁衍。"（恩格斯：《家庭·私有制和国家的起源》）在原始社会，人口的高出生率、高死亡率和极低的增长率，使人口问题成了关系到人类社会能否延续的根本大事，于是产生了炽盛的生殖崇拜。鱼纹、蛙纹成为母系氏族社会女阴崇拜的象征，鸟纹、龙蛇成为父系氏族社会男根崇拜的象征。而鱼、鸟、龙等均为中国古建筑脊饰的重要题材，其渊源之深远是值得注意的。

由生殖崇拜发展出图腾崇拜。上古华夏族群的图腾崇拜主要有东夷族的龙崇拜，西羌族的虎崇拜，少昊族和南蛮族的鸟崇拜，北方夏民族的蛇崇拜，从而产生东方苍龙、西方白虎、南方朱雀、北方玄武这四象的概念。所以，中国文化又称为"龙虎文化"。朱雀即凤凰，龙和凤在中国古代建筑脊饰中占有重要的地位，我们不妨称之为"龙凤脊饰文化"。

先秦和汉代的中国古建筑中曾盛行以凤凰和鸟雀为脊饰，这与鸟图腾崇拜关系甚大。

朱秦建筑的形象主要见于战国出土的铜鉴，其脊饰为鸟形。浙江绍兴战国墓出土的铜屋，屋顶为四角攒尖顶，上立八角图腾柱，柱顶为一只大尾鸠。据研究，这个铜屋模型应是古越人专门用作祭祀的庙堂建筑的模型。汉代，以凤和鸟雀为脊饰曾风行一时。有很多这方面的记载。如：《三辅黄图》载，汉建章宫南面的玉堂有壁门三层，台高三十丈，铸铜凤高五尺，饰以黄金，栖于屋上，下面装有转轴迎风时有若飞翔。建章宫北门有凤凰阙，又名别凤阙，高二十五丈，上有铜凤凰。长安灵台的上面有铜鸟，迎风可动。《汉武故事》载：汉武帝造神屋，屋脊上饰以金凤，长十余丈，口衔流苏，作飞翔状。《水经注》载，东汉建安十五年（210年），曹操在邺城西建三台，其中，铜雀台上起五层楼，楼高十五丈，又于楼顶置铜雀，雀翼舒展如飞。

以铜凤为脊饰之风汉以后仍有延续。如石虎《邺中记》中说：邺宫南面有三门，西侧的凤阳门高二十五丈，上有六层楼，屋顶上装有大铜凤，头高举一丈六尺。

从汉代画像石、画像砖、汉明器陶屋来看，以凤和鸟为脊饰的例子极多，如汉高颐阙脊上镌鹰，口衔组绶。此外，四川芦山樊敏阙顶盖上，以及四川渠县赵家村二无铭阙上的脊饰亦有鹰衔绶带的脊饰，可见为当时风尚。

汉代盛行凤鸟脊饰的原因之一，是汉高祖刘邦乃楚人。楚人是祝融的后裔。祝融原名

脊　凤
　　舞
饰　神
　　州

筑境
中国精致建筑100

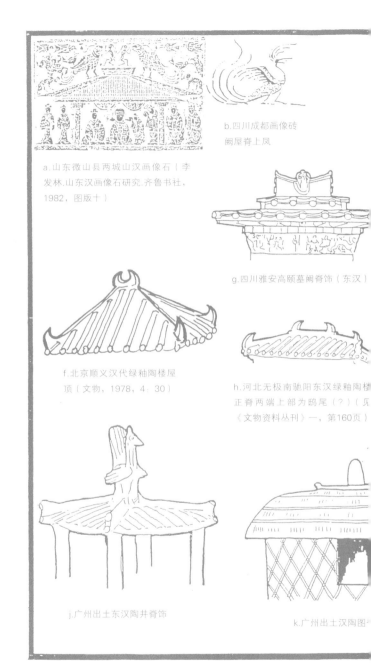

a.山东微山县两城山汉画像石（李
发林.山东汉画像石研究.齐鲁书社，
1982，图版十）

b.四川成都画像砖
阙屋脊上凤

g.四川雅安高颐墓阙脊饰（东汉）

f.北京顺义汉代绿釉陶楼屋
顶（文物，1978，4：30）

h.河北无极南驰阳东汉绿釉陶楼
正脊两端上部为鸱尾（？）（见
《文物资料丛刊》一，第160页）

j.广州出土东汉陶井脊饰

k.广州出土汉陶图

图1-1　汉代和三国的脊饰（一）
汉代鸟脊饰尤其是凤鸟脊饰风行，这与汉高祖刘邦为楚人，楚人崇火尊
凤尚赤有关。但从东汉开始，出现了鸱尾的脊饰（图中f、h）。

c.纽约博物馆藏汉
画像石脊端上凤

d.汉画像石函谷关
图屋脊上的凤

e.河南灵宝出土东
汉陶楼屋脊上朱雀

i.四川忠县涂井蜀汉
崖墓出土的陶屋脊饰

l.哈佛大学美术馆藏
东汉陶楼脊饰

m.宾夕法尼亚大学博物
馆藏汉陶楼脊饰

n.霍普生著述中
之汉陶楼脊饰

脊 ｜ 凤

饰 ｜ 舞

神

州

筑境 中国精致建筑100

双面兽首铜顶饰

a.南越王墓的屏风顶饰（西汉南越王墓.文物出版社，1991：443）

c.河南灵宝张湾陶楼底
层（文物，1975，11）

d.湖北江陵凤凰山陶
（文物，1976，10

g.南山里汉墓明器

h.牧城驿汉墓明

图1-2 汉代和三国的脊饰（二）
汉代流行鸟脊饰，但其他形式也已出现。柏梁台被火毁后，越巫向汉武
帝进言的鸱尾为脊饰以厌火。至少从东汉开始就出现了鸱尾（图中j）

朱雀铜顶饰正侧面

b.汉代脊饰（孙机，汉代物质文资料图说：169）

e.辽宁辽阳北园壁画中的
建筑脊饰（同b：151）

f.汉代脊饰（中国营造学社汇刊，五卷二期）

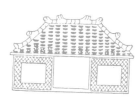

i.鄂城三国吴陶屋（考古，
1978.3：165）

j.沛县汉画像石脊饰

重黎。重黎是五帝时帝喾的火官，死后尊为火神，故楚人崇火，而且尊凤。《白虎通义》上说，南方之神祝融，其精为鸟，离为鸾。鸾即凤。同时，楚人尚赤色。刘邦举义旗时，"帜皆赤"自托为"赤帝子"，立为汉王之后，"以十月为年首，而色上赤"（《史记·历书》）。按照古代阴阳家五德始终的学说，汉为火德，崇拜火鸟朱雀即凤凰。火忌水，故东汉定都洛阳，将"洛"字去"水"加"佳"，变"洛阳"为"雒阳"。

楚人崇火、尊凤、尚赤的文化，使汉代凤鸟脊饰流行一时。

二、鸟饰溯源

凤鸟崇拜为中国上古图腾崇拜的重要内容之一，凤为何物，这是一个很有趣的问题。古书上有许多关于凤凰的记述，如《说文》："凤，神鸟也。天老曰：凤之像也，鸿前、麟后、蛇颈、鱼尾、鹳颡、鸳思、龙文、虎背、燕颔、鸡喙、五色备举，出于东方君子之国，翱翔四海之外，过昆仑，饮砥柱，濯羽弱水，暮宿风穴，见则天下大安宁。"看来，这种神鸟不但其形貌十分怪异，而且具有极强大的生命力，这种鸟一出现便象征国泰民安。其他，如《尔雅》、《山海经》、《广雅》、《禽经》、《挚虞决疑要注》等古籍中都有介绍。

据《汉书》和《后汉书》记载，凤凰曾多次出现在长安等地。凤凰究竟为何鸟？据宁夏大学冯玉涛先生考证，凤凰即今之孔雀。"孔"即大之意，孔雀即大雀，为最大的飞禽。由于崇拜孔雀而神化，为司凤之王，即凤王，也就是凤凰。孔雀目前只生活在云南西南部和南部，多栖于山脚一带溪河沿岸或农田附近，以种子、浆果等为食。云南之外的我国各地，已不见野生的孔雀。孔雀生活的云南正是干阑建筑之乡，中国和世界东方水稻文化的发源地。

近年来，文化人类学领域中，将世界文明分为两大源流，即所谓的照叶树林文化与硬叶树林文化。照叶树林文化又称为水稻文明，为东亚和东南亚文明的母体，其中心源地为"东亚半月弧"地域，正为中国的云南省处。日本的若林弘子先生提出干阑式建筑是基于水稻农耕生产形态之上所产生和发展起来的建筑形态。倭人的初民将水稻文明和干阑式建筑由发源地滇池向四方传播，其中有一支沿长江东下，渡至日本。

由建筑史可知，干阑式建筑在古代流行于长江流域及其南部，正是水稻耕作文明之区域。更令人惊讶的是，住干阑式建筑、种植水稻的古代民族，多有鸟图腾崇拜。种植水稻的先民为什么会崇拜鸟类？最重要的原因是，他们从鸟类食用野生稻的生物习性中，启迪了自己对野生稻谷的食用和栽培，最终形成了鸟图腾崇拜。在产生鸟图腾信仰后，先民们的生活方式也图腾化，穿鸟衣，住鸟居。鸟居即巢居，是仿鸟巢营造居室的结果，也是干阑式建筑的原始形式。这就是种植水稻的先民多住干阑式建筑，多有鸟图腾崇拜的原因。有很多实例：浙江河姆渡遗址的发掘说明在6000—7000年前的先民已种植水稻和住干阑式建筑。在良渚文化的玉璧、玉琮上，刻着一种"阳鸟山图"，其基本结构是：一双鸟立于盾状的五峰山上。有的山之正中有一圆圈，内填云纹，或有一扁圆形，内填二道曲线，均表示太阳。有的山体上有一展翅阳鸟背负太阳飞翔（这种图案亦见于河姆渡骨器上）。良渚文化玉器上的"阳鸟山图"，说明当地居民盛行太阳和鸟图腾崇拜。

脊　鸟
饰　饰
饰　溯
　　源

◎饰境
中国精致建筑100

a.良渚文化玉器上的鸟图腾形象
（张明华、王惠菊.太湖地区新石器时代的陶文.考古，
1990，10：905）

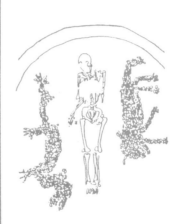

e.河南濮阳西水坡墓中用蚌壳摆
成的龙虎图案（距今约6000年）
（王吉怀.宗教遗存的发现和意
义.考古与文物，1992，6：59）

f.虎钮錞于（战国至
西汉）（湖南泸溪出
土）（孙机.汉代物质
文化资料图说：437）

图2-1 中华古民族的图腾崇拜与建筑脊饰
东夷族的龙崇拜、西羌族的虎崇拜、少昊族和南蛮族的鸟崇拜、北方夏
族的蛇崇拜，都对建筑脊饰产生影响。其中，鸟崇拜和龙崇拜影响最
大，可称为龙凤脊饰文化。

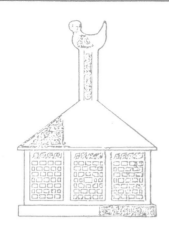

c.河南辉县出土铜鉴（战国）

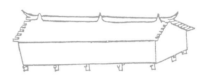

b.浙江绍兴战国墓出土铜屋，四角攒尖顶，
上为——八角柱，再上为——鸟形装饰

d.云南祥云大波那铜棺（战国）（李昆声.
云南文物古迹.云南人民出版社，1984）

h.武梁祠汉画像石之建筑脊饰

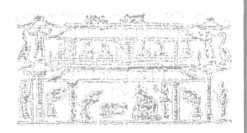

虎钮錞于（贵州松桃
土）（李衍垣、錞于
略，文物，1984.8）

i.汉画像石之建筑脊饰

j.汉画像石之建筑

脊　鸟
饰　饰
溯
饰　源

🔶 筑境
中国精致建筑100

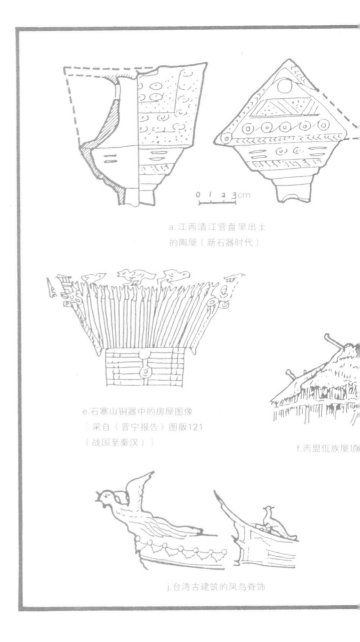

a.江西清江营盘里出土
的陶屋（新石器时代）

e.石寨山铜器中的房屋图像
［采自《晋宁报告》图版121
（战国至秦汉）］

f.西盟佤族屋顶

j.台湾古建筑的凤鸟脊饰

图2-2 古建筑的鸟脊饰
至少从战国开始，鸟脊饰就已流行。鸟脊饰与鸟图腾有关，它发祥于长
江以南，源于云南的水稻文明。由于鸟类启迪了古人对野生稻谷的食用
和栽培，形成了鸟崇拜，仿鸟而巢居导致了干阑式建筑的出现。水稻文
明沿长江东下传播，北至东北、朝鲜、日本。

b.沧源崖画中的房屋图像
（《文物》1966年2期第13页）

千木

c.日本神社脊饰

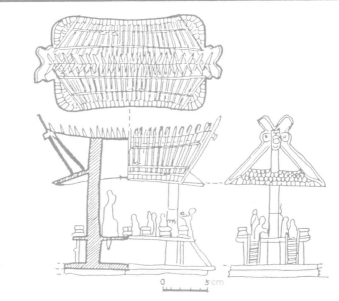

d.云南晋宁石寨山贮贝器（M12：26
盖上的建筑模型（战国至秦汉）

g.苏州玄妙观火神殿哺鸡脊

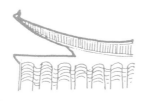

h.江南雌毛脊

i.云南西双版纳庙宇屋脊上孔雀

k.湖南岳阳楼角脊上的翔凤

古人认为太阳由神鸟驮着每天由东方飞至西方降落。《山海经·大荒东经》云："汤谷上有扶木，一日方至，一日方出，皆载于鸟。"《淮南子·精神训》云："日中有踆鸟，而月中有蟾蜍。"在远古的生殖崇拜中，鸟为男根的象征，青蛙（蟾蜍）为女阴的象征。图腾崇拜继承了生殖崇拜，以踆鸟（即蹲鸟，三足鸟——其中一足象征男根）代表太阳，以蟾蜍象征月亮。因此，鸟图腾崇拜与太阳图腾崇拜统而为一。

《山海经·大荒东经》云："东海之外有大壑，少昊之国。"少昊是以鸟和太阳为图腾的远古民族首领。据《左传》记载，鲁昭公问少昊的后裔郯子，为何少昊以鸟为其官员命名？郯子说了五鸟、五鸠、五雉、九邑，共24种氏族，都以鸟为图腾。少昊族起源于山东郯城，殷人为少昊氏的后裔。商代甲骨文中有大量干阑式建筑的形象。

长江中游居住的楚人先民，其祖先祝融是帝舜的火正。楚先民种水稻，住干阑，以凤鸟为图腾。古越人也是种水稻、住干阑式建筑。绍兴战国墓出土的铜屋顶上的鸟，便是以鸟为图腾的很好证明。

事实上，西南的一些少数民族也以鸟为图腾。沧源崖画中房屋顶上有鸟形饰。晋宁石寨山铜器中的房屋图像中也有鸟饰，而石寨山铜贮贝器盖上的建筑模型，不仅屋顶两坡各有两个小鸟饰，而且其两个侧面均为大鸟之形。直到现代，云南佤族头人及富裕阶层的屋顶两端仍有简化的木鸟作为装饰，它标志着房屋主人的社会地位和身份。以鸟为脊饰者分布甚广，日本神社脊饰之千木，实为简化的鸟饰。至今，长江以南以鸟为脊饰的建筑屡见不鲜。云南许多少数民族（包括佤族）与中国长江以南的那些地区一样，都是以种水稻为主，日本也是种水稻的民族，这些都是与水稻文明、干阑式建筑、鸟图腾崇拜密切相关的例子。

凤为鸟王，水稻文明、干阑式建筑以及凤鸟（孔雀）均源于云南，这绝非巧合，说明云南远古的水稻文明，沿长江东下传播，又北上我国东北，并远达朝鲜、日本等地，同时也带去了鸟图腾崇拜和干阑式建筑形式。

三、鱼虬登台

正当汉代盛行凤凰鸟雀作为脊饰时，汉太初元年（前104年），柏梁台被火焚毁。好大喜功、笃信神仙方士巫术的汉武帝大为恼火，而越巫趁机上言以巫术厌火之法。

据《汉纪》载："柏梁殿灾后，越巫言海中有鱼虬，尾似鸱，激浪即降雨。遂作其象于屋，以厌火祥。"（《营造法式》）

由于凤凰为朱雀，为火之象，立于屋脊之上，与楚人崇火尊凤有关。柏梁台灾后，越巫上言，屋上应立鸱尾以厌火，而作为火鸟的凤凰，自然被取而代之。

虬为有角的龙。龙生于水，为众鳞虫之长，水乡泽国所在地区的古代民族以龙为图腾。水中最大的鱼类鲸，以及龟蛇，则为其衍生图腾。由"尾似鸱，激浪即降雨"，对照鲸鱼呼气喷出水柱，可知这"鱼虬"实为鲸鱼。

据《山海经·海外北经》说：北方有禺强，人面鸟身，头戴两只青蛇耳环，足踏两条青蛇。东晋郭璞认为禺强即禺京，是水神。禺京是生活在北海地区的民族首邻，以鲸鱼为图腾。鲸即《庄子·逍遥游》中所说的大鱼"鲲"。据考证，禺京即夏禹之父鲧，其后代一支为夏族，到河南嵩山一带，创立了夏朝；另一支为番禺族，南迁至越，广东番禺即为番禺族活动留下的地名。

依上所述，鱼虬便是南越番禺族的图腾，

也是水神的化身鲸鱼。越巫向汉武帝上言以鲸的形象厌火，是图腾崇拜文化与阴阳五行以水克火学说及巫术三者结合的产物。这使人联想到古越人可能以鲸鱼为脊饰以厌火。广东佛山祖庙大殿上的脊饰五彩缤纷，可谓中国传统文化的展示大舞台，其中不乏帝王将相、神佛仙道等人物以及花卉山水、飞禽走兽，但脊饰的主角仍是两条相向倒立的鲸鱼。从夏鲧至清代历时四千多年，鲧的后裔仍然沿用鲸鱼为脊饰，由此亦可见文化传统万世相传的不朽的生命力。

汉武帝信越巫之言，作鸱尾以厌火，这一说法是可信的。在东汉建筑的脊饰上，可以见到鸱尾的形象。汉武帝以鸱尾厌火的做法，在中国古建筑脊饰发展史上树立了一个新的里程碑。从此，鸱尾作为水神的形象登上了中国宫廷建筑的脊顶，逐渐取代了作为火鸟的朱雀即

图3-1 佛山祖庙脊饰

佛山祖庙脊饰上有各种各样的装饰题材，但大殿（后面）正脊上的主角乃是两条相向倒立的鲸鱼。鲸鱼为古越人的图腾。

脊　鱼　虬　登
饰　　　台

筑境 中国精致建筑100

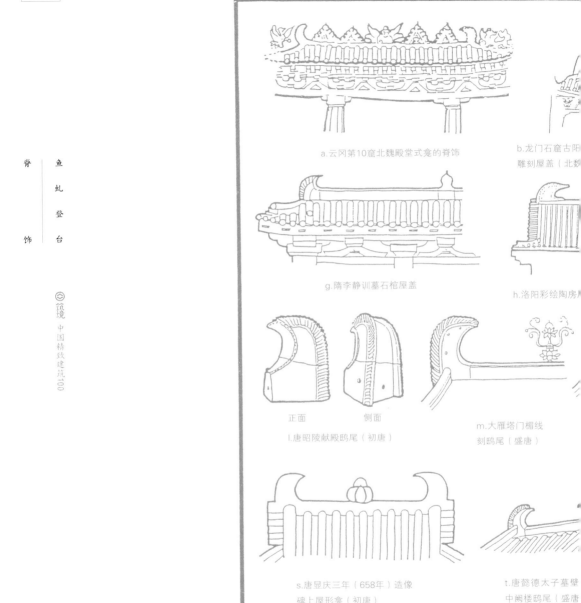

a.云冈第10窟北魏殿堂式龛的脊饰

b.龙门石窟古阳
雕刻屋盖（北魏

g.隋李静训墓石棺屋盖

h.洛阳彩绘陶房屋

正面　　　侧面

l.唐昭陵献殿鸱尾（初唐）

m.大雁塔门楣线
刻鸱尾（盛唐）

s.唐显庆三年（658年）造像
碑上屋形龛（初唐）

t.唐懿德太子墓壁
中阙楼鸱尾（盛唐

图3-2 鸱尾的演变
图中展示从北魏至唐乃至北宋，鸱尾的发展演变。虽有变化，但未有质
的变化。

c.麦积山140窟壁画鸱尾（北魏）

d.龙门莲花洞鸱尾（北魏）

e.麦积山43窟鸱吻（西魏）

f.麦积山127窟壁画鸱尾（西魏）

正面

侧面

i.洛阳陶房鸱尾

j.日本玉虫厨子鸱尾

k.敦煌220窟壁画的鸱尾（初唐）

n.韦洞墓壁画鸱尾（盛唐）

o.敦煌148窟壁画鸱尾（中唐）

侧面

正面

复原示意

p.黑龙江宁安渤海上京殿址出土鸱尾残片（中唐）

q.敦煌绢画鸱尾（晚唐）

r.大足北山石刻（晚唐）

v.敦煌128窟鸱尾（晚唐）

u.敦煌172窟壁画鸱尾（盛唐）

w.山西古青莲寺碑刻山门鸱尾（晚唐）

x.日本奈良唐招提寺金堂鸱尾（8世纪）

y.敦煌61窟鸱尾（北宋）

脊 鱼
　　虬
饰 登
　　台

筑境　中国精致建筑100

a.乐山凌云寺
石刻（中唐）

b.四川孟知祥墓牌楼
鸱吻（五代后蜀）

c.敦煌431窟
窟檐（宋初）

f.蓟县独乐寺山门鸱吻〔辽公元（984年）〕

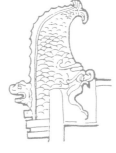

g.大同下华严寺壁藏鸱吻
〔辽（1038年）〕

h.宋瑞鹤图鸱吻〔北宋
（1101-1125年）〕

n.压脊兽〔宋画
高阁焚香图〕

m.辽宁法库叶茂台辽墓出土棺床小帐的压
脊兽〔辽圣宗（983-1031年）建，摹自曹
汛《叶茂台辽墓中的棺床小帐》刊《文物》
1975年12期〕

o.大同华严寺薄伽教藏殿鸱吻（金代后配）

图3-3　形形色色的鸱吻和鱼吻、龙吻
由中唐起，出现了张口吞脊的鸱吻，鸱吻的形象逐渐演变成龙吻

建泰宁甘露庵
鸱吻（南宋）

e.山西朔县崇福寺弥陀殿
鸱吻［金（1143年）］

1 正脊鸱吻

2 上檐戗脊鸱吻

i.山西榆次永寿寺雨
花宫［北宋大中祥符
元年（1008年）］

j.宋《营造法式》插图
中"九脊牙脚小帐"
中吻兽
元1103年）

k.西夏八号陵出土鸱
吻（公元1226年）

3 下檐角脊龙形吻

l.广州光孝寺大雄宝殿鸱吻、龙吻

金山寺佛殿鱼形吻（南宋）

何山寺钟楼鱼形吻（南宋）

《大唐五山诸堂图》中的脊饰（摹自《中国营造学社汇刊》三卷三期）

q.五台山佛光寺大殿鸱吻
（元代仿唐代式样）

r.天津宝坻广济寺三大士殿鸱吻

脊　鱼　虬　登
饰　　台

◎築境
中国精致建筑100

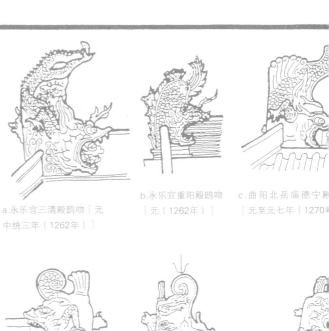

a.永乐宫三清殿鸱吻〔元
中统三年（1262年）〕

b.永乐宫重阳殿鸱吻
〔元（1262年）〕

c.曲阳北岳庙德宁殿
〔元至元七年（1270年

h.湖北武当山金殿鸱吻〔明
永乐十四年（1416年）〕

i.太原晋祠圣母殿
鸱吻（明代配制）

j.四川平武报恩寺大殿
〔明（1440—1460年

n.景德镇民宅门楼上的鱼吻（明）〔摹
自杜顺宝《浮梁明代建筑》，《南工
学报》（建筑学专刊）1981年2期〕

o.昆明曹溪寺大雄宝
殿龙吻及垂脊饰件

图3-4　各种鸱吻、龙吻、鱼吻
元代鸱吻已成龙吻，鱼吻也逐渐受龙文化的影响成为鳌鱼形。

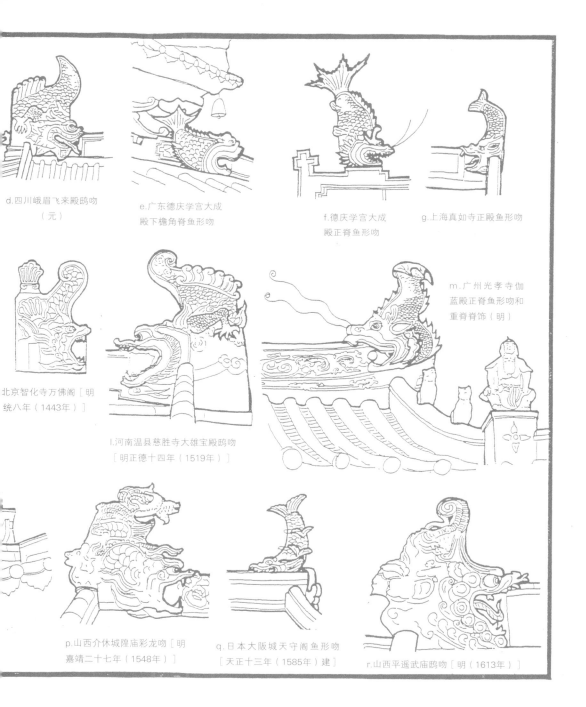

d.四川峨眉飞来殿鸱吻
（元）

e.广东德庆学宫大成
殿下檐角脊鱼形吻

f.德庆学宫大成
殿正脊鱼形吻

g.上海真如寺正殿鱼形吻

北京智化寺万佛阁［明
统八年（1443年）］

l.河南温县慈胜寺大雄宝殿鸱吻
［明正德十四年（1519年）］

m.广州光孝寺伽
蓝殿正脊鱼形吻和
重脊脊饰（明）

p.山西介休城隍庙彩龙吻［明
嘉靖二十七年（1548年）］

q.日本大阪城天守阁鱼形吻
［天正十三年（1585年）建］

r.山西平遥武庙鸱吻［明（1613年）］

脊 　 鱼
饰 　 虬
　 　 登
　 　 台

◎ 饶
中国精致建筑100

a.广西容县真武阁下檐角脊兽吻

b.沈阳故宫崇政殿龙吻

g.台湾台北龙山寺屋脊龙饰

j.厦门南普陀寺龙凤脊饰

k.贵州从江、榕江、黎平
侗族村寨鼓楼角脊鱼形吻

图3-5 千姿百态的脊饰
到明清，中国古建筑脊饰以龙、凤、鱼为主角，琳琅满目，姿态万千

...府大堂侧厢房龙脊饰

d.山东曲阜孔府三堂龙吻

e.曲阜孔庙大中门边墙龙脊饰

f.甘肃嘉峪关附属建筑垂脊兽

h.台湾孔庙大成殿上檐屋盖

i.承德须弥福寿之妙高庄严殿金顶垂脊
金龙［清乾隆四十五年（1780年）］

...阳弘福寺鱼形吻

m.贵阳弘福寺戗脊鱼形吻

n.广东德庆悦城龙母祖庙香亭
下檐角脊吻兽
［清光绪三十一年（1905年）］

o.悦城龙母祖庙石牌楼鱼形吻
［清光绪三十三年（1907年）］

凤凰。由汉至唐乃至北宋，经历了约千年的发展变化，鸱尾一直被沿用。

在鸱尾的发展史上，中唐是一个质变的开始点，出现了张嘴吞脊的鸱吻。此后，鸱吻的头部就越来越向龙头的形象演变，终于演变成龙吻，这一过程的出现与中国根深叶茂的龙文化直接相关。

脊　鱼
　　虬
饰　登
　　台

镜境 中国精致建筑100

四、龙飞华夏

◎ 领境　中国精致建筑100

图4-1 北海殿宇琉璃龙吻 [左图]
正脊两端各一龙吻，龙吻背上有剑把，它是从宋代大吻
背上的枪铁演变而来，明、清才出现剑把

图4-2 游龙脊饰（广西恭城文庙）[右图]
恭城文庙的双龙戏珠脊饰，龙形平稳，曲线均匀，以绿
琉璃制作，色彩鲜艳

鸱吻终于演变成为龙吻，这与中国八千年以上的龙文化息息相关。

龙是我国古代传说中的神异动物，身体长，有鳞，有角，能走，能飞，能游泳，能兴云作雨。

宋罗愿云："龙，角似鹿，头似驼，眼似兔，项似蛇，腹似蜃，鳞似鱼，爪似鹰，掌似虎，耳似牛。"（《尔雅翼·释龙》）明李时珍云："龙有九似：头似驼，角似鹿，眼似兔，耳似牛，项似蛇，腹似蜃，鳞似鲤，爪似鹰，掌似虎是也。其脊有八十一鳞，具九九阳数。……口旁有须髯，颔下有明珠，喉下有逆鳞。"（《本草纲目》）

多数学者认为，龙是中国上古民族的复合图腾，它由以扬子鳄、蛇、蜥蜴等为图腾的民族融合而产生。

中国龙文化源远流长，目前已发现八千年前的龙图腾图案。1996年5月14日在葫芦岛市连山区塔山乡的杨家洼新石器时代遗址中，"在相距7米的两个探方内揭露出两条用纯净的米黄色黏性土作原料，在红褐色地面上塑出的两个龙图腾图案。两龙均系头向南，尾朝北"。一、二号龙分别发现在T_1、T_2探方内，身长各为1.4米和0.8米，高各为0.77米和0.32米，昂首扬尾，作飞腾状。"像这种工艺

脊　龙
　　飞
饰　　华
　　　夏

筑境·中国精致建筑100

图4-3　双龙戏珠脊刹（湖南
大庸普光寺）
把双龙戏珠置于脊刹（正脊
中央）上，是其特色

原始、造型古朴、构思巧妙的土龙，在中华
大地上尚首次发现，对研究东方龙家族的出
现、发展和龙山文化的形成具有重要的学术价
值。""杨家洼遗址地处渤海沿岸，距海边仅
5公里。……推测杨家洼遗址的年代应在八千
年左右。"

　　1971年春，内蒙古翁牛特旗红山文化遗址
中，出土了一件大型玉龙，年代约为距今五千
年。1987年河南濮阳西水坡遗址中，发现了用
蚌壳摆成的龙虎图案，年代约距今六千年，为
上古民族崇拜龙、虎的证据。

　　东夷族以龙为图腾。《左传·昭公十七
年》云："太昊氏以龙纪，故为龙师而龙
名。"太昊为东夷族的部落联盟首领，其下有
青龙氏、赤龙氏、白龙氏、黑龙氏、黄龙氏等
以龙为图腾的部落。东夷的"夷"为何义？按
《越绝书·吴内传》的解释，夷就是沿海居住

图4-4 舞龙脊饰（泉州开元寺大殿）/上图
闽南龙饰，多飞舞之态，十分生动，在各地龙饰中独树一帜。

图4-5 奔龙脊饰（广东佛山祖庙）/下图
其龙形有奔走之动势，龙形起伏较游龙大。

图4-6 飞龙脊饰（广州陈家祠）上图
该龙有双翅飞舞，有"飞龙在天"之意匠。此
龙饰形态生动，琉璃制作，色彩艳丽。

图4-7 龙吻（上海龙华寺）下图
苏、浙、沪一带脊饰多用灰塑，朴素、庄严。

图4-8 龙脊饰（河北承德普陀宗乘之庙妙高庄严殿）（张振光 摄）上图
妙高庄严殿脊饰铜镏金龙饰，代表皇家装饰的最高等级。

图4-9 龙吻（苏州定慧寺）下图
该龙吻头部硕大，尾部不长，颇有特色。

镜　中国精致建筑100

图4-10 团龙（苏州定慧寺）
苏州一带，在正脊中央往往浮雕一个团龙，为地方特色。

图4-11 龙吻（陕西韩城司马迁祠）
该龙吻为陕西韩城司马迁祠内迁建的元代建筑脊饰，形态古朴

图4-12 龙吻（韩城司马迁祠）（上图）
该龙吻为司马迁祠内迁建的多座元代建筑之一
的脊饰，龙吻上部有一条小龙，背兽也是龙
头，形态生动，为元、明风格。

图4-13 龙吻（延安清凉山石牌楼脊饰）（下图）
石牌楼龙吻，形态生动，雕工精细。

的人，由于大海在中国东部故称东夷。东夷与越人的地域区别是：淮北称夷，江南称越。越人是夏后氏的后裔，夏后氏为蛇身人面，即以蛇为图腾。

吴地的先民也是断发文身，太伯、仲雍到吴建立了吴国，并以龙为其图腾。据《吴越春秋·阖闾内传》记载，周敬王六年（前514年）伍子胥规划建造阖闾大城，因吴在"辰"位，属龙，故在其小城的南门上，以"反羽为两鲵苗"为门楼上的装饰，象征龙的双角，越在"巳"位，属蛇，故以"北向首内"的木蛇饰于南大门楼上，用来表示越国应属于吴国，象征吴国并吞越国的雄心。后来，范蠡筑越城，"西北立龙飞翼之楼，以象天门"，估计是以飞龙为门楼脊饰。这些记载都说明，以龙蛇为脊饰早在春秋时已出现了。宋代以后，鸱吻变成了龙吻，与中国八千年龙文化直接相关。

龙作为脊饰，又因其部位、形态、材质、颜色、风格以及历史时代的不同，而呈现出千差万别、异彩纷呈的景象。

五、虎踞屋巔

虎为中国古代西羌人的图腾。

甘肃、青海和陕西西部一带为古羌人所在地。古羌人有的向东进入中原，融入华夏，有的因战乱向青藏高原、新疆、西南地区迁移，形成现今的彝、纳西、哈尼、白族、藏族等。改游牧为农耕的古羌人形成氏族，入川与当地人融合形成巴人和蜀人。整个中国西部大都为古羌人生存之地。古羌人长期处于母系社会，以妇女为首领，以虎为图腾，以黑为贵，崇拜黑虎。氏族则崇拜白虎。

有关记述，可兹证明，如《山海经·大荒西经》云："有大山，名曰昆仑之丘。有神，人面虎身，有文有尾，皆白……有人戴胜、虎齿、豹尾、穴处，名曰西王母。"《山海经·西山经》云："玉山，是西王母所居也。西王母其状如人，豹尾虎齿而善啸，蓬发戴胜，是司天之厉及五残。"西王母即西嫫，意为女首领。

图5-1 硬山垂脊上的狮子
（广州陈家祠）
陈家祠硬山垂脊上的喜气洋洋的狮子，十分引人注目

图5-2 脊刹上的双狮耍绣球（大庸普光寺）
把双狮耍绣球置于脊刹上，地位显要

　　以虎为脊饰者例子较少。武梁祠汉画像石
上的建筑屋顶上有龙、虎和鸟的形象，其他汉
画像石上也见有以虎为脊饰的例子。在氐羌人
居住的中国西部，近年发现了不少虎钮錞于，
年代从战国至汉。錞于为我国古代青铜乐器，
后失传。錞于上的虎形乃古氐羌人之虎图腾。
古代器物有的模仿建筑式样，故可以推测古氐
羌人建筑上可能有虎形脊饰。

　　以虎为脊饰亦散见于各地古建筑中，如山
西洪洞广胜上寺大雄宝殿正脊上有一明代琉璃
蹲虎母子虎饰件。广东佛山祖庙和龙母祖庙的
脊饰中有"武五麟"（虎、狮、麒麟等）。

图5-3 饯脊上的狮子
（佛山祖庙褒宠牌坊）
牌坊饯脊上只以狮子为饰，
可见狮子作为吉祥瑞兽的崇
高地位

　　为何龙、凤、鱼等图腾信仰都在古建筑的脊饰中扮演了主要角色，唯独虎崇拜只扮演了很次要的配角？笔者认为，这与佛教自东汉传入，佛教文化的传播有关。

　　由战国至秦汉，虎都是人们崇拜之物，充当辟邪瑞兽的角色。随着东汉佛教的传入，狮子的形象逐渐深入人心。狮子在佛教中处于崇高的地位。佛陀被喻为"人中之狮"。公元前3世纪，阿育王为宣扬佛法，在印度各地建了30余根独石圆柱，即阿育王柱。其顶有四只雄狮，以雄狮比喻人中雄杰，精神之导师。雄师向四方怒吼，隐喻佛陀的训诫有如雄狮怒吼，唤醒世人。随着佛教深入人心，狮子成为中国人心目中高贵庄严的"灵兽"，逐渐取代了原来虎的崇高地位，狮子成了辟邪瑞兽。在脊饰上，狮子也有比虎更重要的位置，扮演了更为重要的角色。

六、龙凤呈祥

中国古建筑的脊饰经过长期的发展、演变，龙和凤成为脊饰的主角。

在已知的历代脊饰中，有一种鸟龙合一的形式，见于五代四川孟知祥墓牌楼、敦煌431窟宋初窟檐、南宋福建泰宁甘露庵蜃阁。脊饰为何要做成龙鸟合一的形式？其渊源亦可上溯至先民的图腾崇拜。

据《山海经·南山经》："凡䧿山之首，……其神状皆鸟身而龙首。"又云："凡南次二山之首，……其神状皆龙身而鸟首。"

产生鸟身龙首、龙身鸟首图腾，是由以鸟为图腾和以龙为图腾的民族相融合而成。这些民族主要分布于黄河以南、江淮中游地区，以及湖南省北部。但由于中国历代战乱的迁徙，以及各地建筑文化的相互交流、影响，这种脊饰传到巴蜀、闽越和敦煌，是合乎情理的。

类似的龙凤合一的脊饰，在山西等地的脊饰中也可见到。

明清官式建筑对脊饰有严格规定，本文不拟探讨。各地民俗不同，爱好有异，使古建筑脊饰呈现不同的地方特色。

七、河朔雄劲

我国北方的脊饰，正脊多用龙吻，但与官式又有别，雄浑粗壮，富有气魄，而又变化万千，令人赞叹，其以山西省的琉璃脊饰尤具特色。

山西脊饰以年代久远、式样丰富而著称。山西琉璃业，有悠久的历史，1500年来相承不衰，留下了大量脊饰的优秀作品。以鸱吻为例，自金元至明清，式样繁多。有尾部前指的金代作品；有龙首鱼身的元代作品；有整个为一条巨龙曲折盘绕而成的三清殿元代龙吻，吻身两边，往往有两条小龙，小龙的龙首，或高或低，富于变化；有龙爪前伸者；有卷尾者；有吻身两侧饰以狮者；有饰以凤者；有龙凤合一者。正脊正中的脊刹，自金代至明清均多实例。正中上方，或置宝珠、宝葫芦，或以戟（谐音"级"，意"升级、升官"）寿字置上方，下方或托以力士，或承以狮子以表吉祥。明清的脊刹喜用亭台楼阁的形象。脊饰的垂兽、戗兽、瓦件，变化多端，与官式不同。垂兽多龙形，姿态各别，有行龙、飞龙、凤头龙身，等等。亦有麒麟，禽状兽头，等等。兽件也别有风采。

山西脊饰的题材十分丰富，人物有菩萨、僧侣、仙人、力士、化生童子，等等；禽兽有龙、凤、狮、虎、麒麟、大象、马匹、大鹏鸟，等等；建筑有坛、台、亭、阁、桥梁，等等；此外，有奇花异卉，日、月、星辰，可谓包罗万象。除龙吻外，脊上还有各种龙饰，龙形有升龙、降龙、盘龙、坐龙、行龙、卧龙、龙串富贵、双龙戏珠，等等，真是各尽其妙。

陕西、甘肃等省脊饰与山西的风格较接近，早期龙吻图案较简洁，元以后逐渐复杂化，到明清趋于烦琐。这是总的趋势。龙吻的造型也变化多端，一般元、明龙吻显得雄浑有力，明清的正脊脊刹喜用亭台楼阁形象，最上面为狮子承宝珠或宝葫芦以示吉祥。清代脊饰图案烦琐，龙吻不够雄大，缺乏力量感。

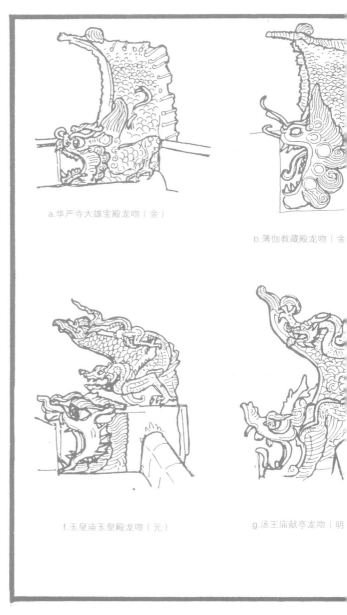

脊 饰

河朔雄劲

筑境 中国精致建筑艺

a.华严寺大雄宝殿龙吻（金）

b.薄伽教藏殿龙吻（金

f.玉皇庙玉皇殿龙吻（元）

g.汤王庙献亭龙吻（明

图7-1 山西古建筑龙吻（一）

山西古建筑琉璃脊饰年代久远，式样丰富。其龙吻自金元至明清，风格
多样，变化多端（摘录柴泽俊《山西琉璃》）。

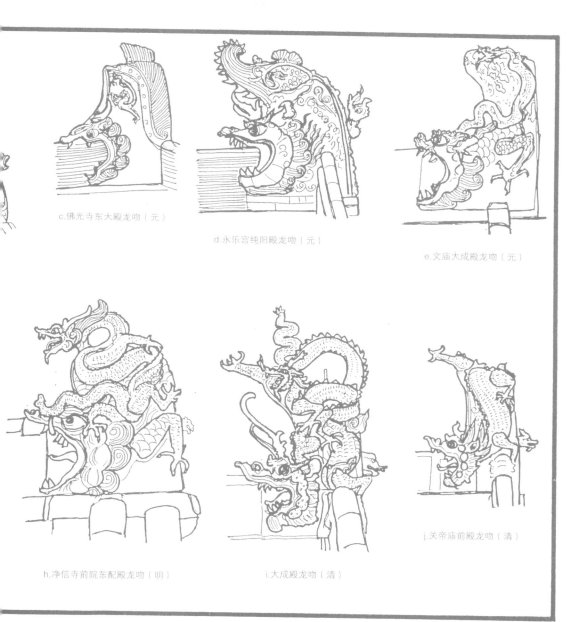

c.佛光寺东大殿龙吻（元）

d.永乐宫纯阳殿龙吻（元）

e.文庙大成殿龙吻（元）

h.净信寺前院东配殿龙吻（明）

i.大成殿龙吻（清）

j.关帝庙前殿龙吻（清）

脊 | 河
　　朔
饰 | 雄
　　劲

◎ 馆境 中国精致建筑100

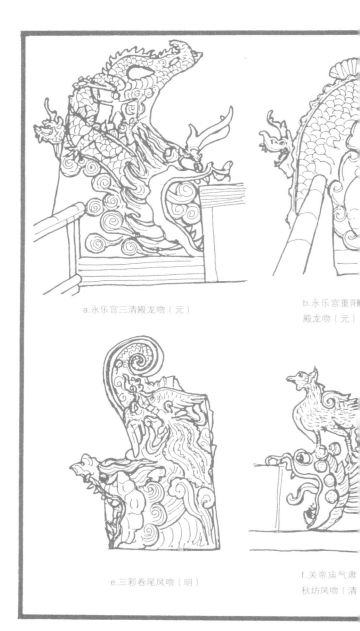

a.永乐宫三清殿龙吻（元）

b.永乐宫重阳
殿龙吻（元）

e.三彩卷尾凤吻（明）

f.关帝庙气肃
秋坊凤吻（清

图7-2 山西古建筑龙吻（二）
山西古建筑龙吻变化极多，有吻身两侧饰以狮者，饰以凤者，
也有龙凤合一者〔据柴泽俊《山西琉璃》〕

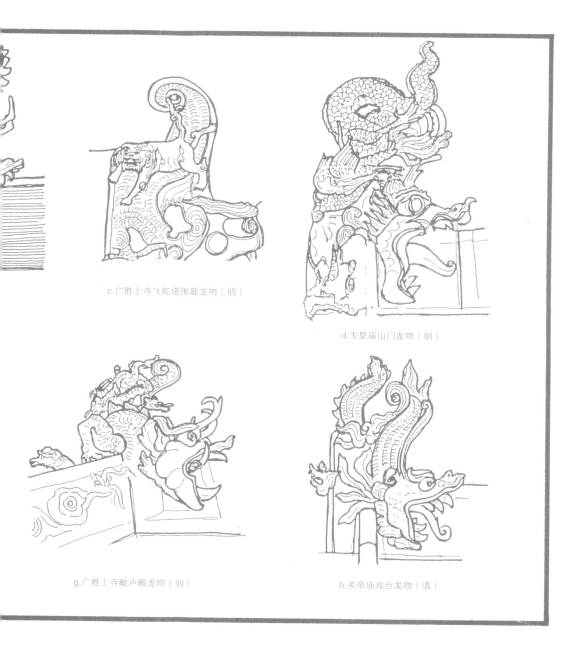

c.广胜上寺飞虹塔围廊龙吻（明）

d.玉皇庙山门龙吻（明）

g.广胜上寺毗卢殿龙吻（明）

h.关帝庙戏台龙吻（清）

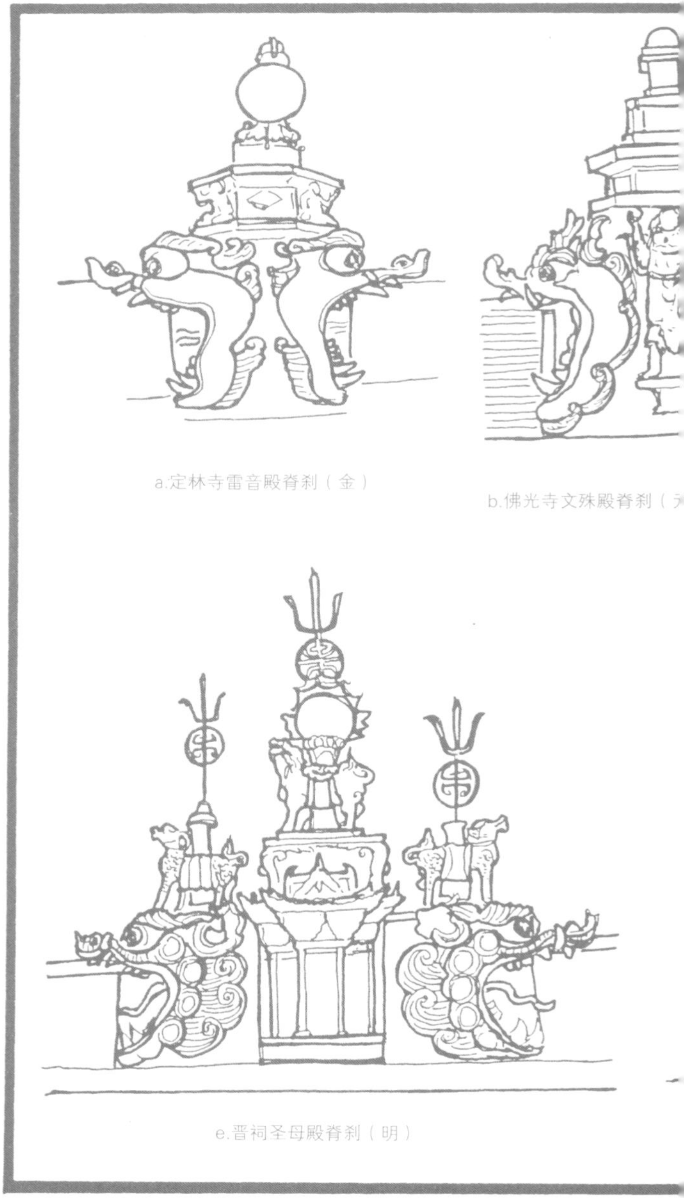

脊　河
　　朔
饰　雄
　　劲

◎镜境
中国精致建筑100

a.定林寺雷音殿脊刹（金）

b.佛光寺文殊殿脊刹（元）

e.晋祠圣母殿脊刹（明）

图7-3 山西古建筑的脊刹
脊刹有多种式样，正中上方为宝珠或宝葫芦，下承以狮子或托以为主
明脊刹高用亭台楼阁形像　［据《山西琉璃》］

c.广胜上寺地藏殿脊刹（明）

d.广胜上寺毗卢殿脊刹（明）

f.圆智寺大觉殿脊刹（明）

9.关帝庙鼓楼脊刹（清）

脊　河　朔　雄　劲

饰

◎镜境　中国精致建筑100

a.崇福寺弥陀殿垂兽（金）

b.华严寺薄伽教藏殿垂兽

f.玉皇庙玉皇殿垂兽（元）

g.慈云寺
殿垂兽

k.圆智寺千佛殿垂兽（明）

图7-4 山西古建筑的垂兽、戗兽

山西古建筑垂兽、戗兽形式多样，逼真生动（据柴泽俊《山西琉璃》）。

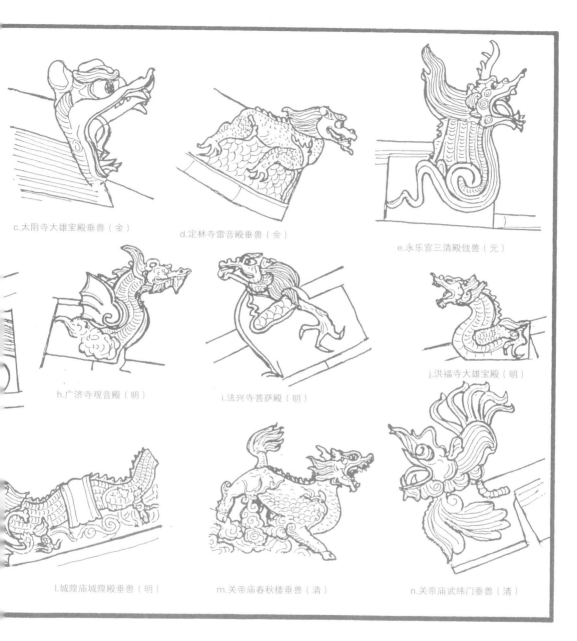

c.太阴寺大雄宝殿垂兽（金）

d.定林寺雷音殿垂兽（金）

e.永乐宫三清殿戗兽（元）

h.广济寺观音殿（明）

i.法兴寺菩萨殿（明）

j.洪福寺大雄宝殿（明）

l.城隍庙城隍殿垂兽（明）

m.关帝庙春秋楼垂兽（清）

n.关帝庙武纬门垂兽（清）

脊　河　脊
饰　朔　雄
　　　劲

图7-5 陕西韩城文庙尊经阁正脊龙吻
韩城文庙为明代建筑，其龙吻生动威猛，
应是明代作品，其正脊以缠绕莲花卉装饰

图7-6 韩城文庙尊经阁正脊脊刹
明代至清代，正脊脊刹军用亭台楼阁，上面
为狮子承宝珠、宝葫芦，表示吉祥如意。

脊　河
　　朔
饰　雄
　　劲

筑境　中国精致建筑100

图7-7 陕西黄陵县黄帝陵祭亭
黄帝陵祭亭在黄帝陵前，亭正中有郭沫若手书
"黄帝陵"石碑　亭子为清代风格

图7-8 黄帝陵祭亭脊饰
脊饰图案烦琐，两边各一龙吻，正中为葫芦宝珠
刹　龙吻已无雄浑之风，应是清末作品

八、湘鄂朴秀

湖南、湖北的古建筑，风格朴素秀美。湖南古建筑的脊饰很有特色。民间建筑脊饰以衡南县隆市乡王家祠为代表作。其脊饰两端为鳌鱼，中间为双龙戏珠图案，脊刹为一重檐亭阁。两旁正脊上为游龙式卷草花卉图案，造型流畅、秀美，为脊饰佳作。

南岳大庙嘉应门的脊刹双凤幸福平安很有风味。湖南炎陵县有炎帝陵，宁远有舜帝陵，衡山有祝融墓。崇火尊凤是湖南先民的传统，因此双凤是湖南地方乡土文化的表现。脊刹正中下方为一蝙蝠，象征幸福。蝙蝠上安放宝瓶，脊刹立意为"双凤来仪保平（宝瓶）安幸福"。

通道县坪阳乡马田鼓楼，建于清咸丰三年（1853年），重檐九层，1978年又增建两侧厢楼，是湖南侗族地区最大的鼓楼。其各层戗脊装饰飞龙、麒麟、凤凰、孔雀、鳌鱼、雄狮、奔鹿等吉祥动物，很有特色。

湖南古建筑的龙吻与官式不同，其龙身向后卷成一圆圈，另外，剑把加长，成为宝剑。南岳大庙正殿脊饰很特别：正脊两端各有一个龙吻，即有两条大龙；脊刹下两边各有一条大龙，即有两条大龙；在正脊的龙吻和脊刹之间，各有三条小龙，即有六条小龙。因此，正脊上共有十条龙。脊刹为5个圆球下大上小串成一刹柱，以二龙戏一珠计，正好十龙戏五珠。以十龙戏五珠为题的脊饰，在全国是很罕见的。

a.衡南县隆市乡王家祠（明）（杨慎初.湖南传统建筑.湖南教育出版社，1993）

b.通道县坪阳乡田心寨马田鼓楼（清）（湖南传统建筑）

c.澧县文庙（清）

d.长沙岳麓书院赫曦台

e.南岳大庙

图8-1 湖南古建筑脊饰（上图）
湖南古建筑根植于湖南乡土文化环境中，有浓厚的乡土
气息。脊饰朴素秀美，龙吻与官式不同。南岳大庙双凤
脊刹和马田鼓楼戗脊的龙、凤、鱼饰，都富有特色。

图8-2 南岳大庙龙吻（中图）
湖南古建筑脊饰龙吻与官式不同，龙身后卷成圆形，剑
把加长成为宝剑。

图8-3 南岳大庙十龙戏五珠之脊刹（下图）
该脊饰为十龙戏五珠图案，五珠置于正中的脊刹上。正
脊上共有十条龙，全国罕见。

　　湖北脊饰与湖南有相似特色，也是朴秀为主。以清代天下名楼黄鹤楼为例，其脊饰为一铜宝葫芦。葫芦浑圆质朴，又充满了灵秀之气。黄鹤与仙鹤相关，鹤是长寿的象征，黄鹤乃仙人所骑之仙鹤。因此，黄鹤楼与道教文化密切相关。清同治黄鹤楼"凡三层，计高七丈二尺，加铜（顶）九尺，共成九九之数"。建筑合"八卦五行"之数，如楼有五顶以应五行，楼有三层以应天地人三才，第一层十二角以应一天十二时辰，第二层十二角应一年十二个月，顶层二十八角应二十八宿，全楼共七十二条脊，应一年七十二候（一候五日，共三百六十天）。像这样精心设计的建筑，处处有象征意义，脊饰也应如此。葫芦在早期生殖崇拜中象征母体、子宫，神话中宇宙中央的昆仑山即葫芦形，道教中葫芦是法器，在民俗文化中葫芦是吉祥物。在清同治的黄鹤楼中，全楼按宇宙模式设计，楼即宇宙，处于最上部的应是宇宙中央的昆仑山，山为葫芦形。由上分析可知，这个浑圆朴秀的巨大铜葫芦，象征宇宙中央的昆仑山。

图8-4　武昌黄鹤楼葫芦脊饰
（清代同治）
黄鹤楼与道教有不解之缘，
而葫芦乃道教法器，这座清
代天下名楼用葫芦为脊饰确
有深意

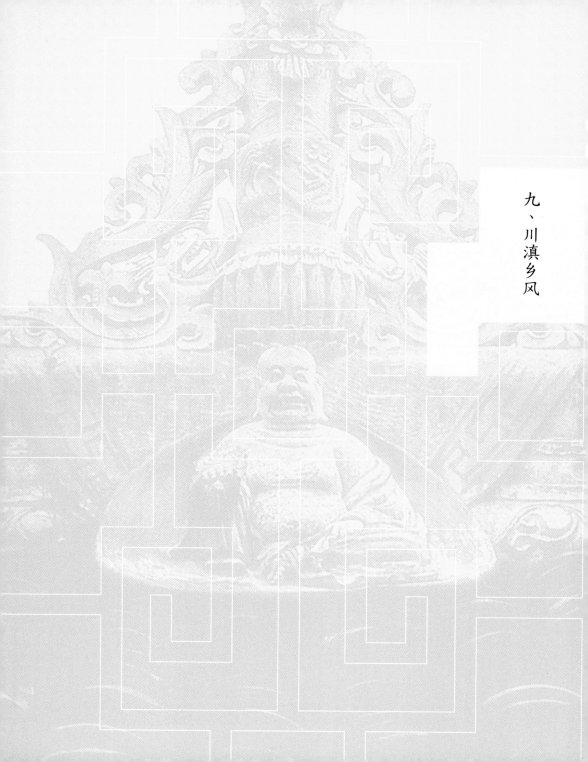

九、川滇乡风

四川、贵州、云南的古建筑，都有浓郁乡土气息。古建筑的脊饰也与各地不同，有明显的地方特色。

四川古建筑的脊刹内容丰富多彩：有双龙戏珠；有四龙戏珠（即两对双龙戏珠）；有双凤朝阳在下，脊刹下为一蝙蝠，上为一亭，亭上为宝珠，珠上为一寿字戟。戟为"级"谐音，即升官升级之意，除双凤朝阳外，还有"福禄寿"之意；有塑文昌帝君像的；有塑佛像的；有以瓦叠成铜钱图案，象征富足；有以楼阁为脊刹；有以八卦符号"☵"置于脊刹之下，上为宝瓶和戟，"☵"为坎卦，坎为水，用以厌火，上为平安升级之意。四川古建筑有在瓦面上放置人物雕塑的，如武侯祠、华光楼等。川、滇的龙吻、鱼吻也丰富多样，与别的地方有别。七曲大庙应梦仙台戗兽为一龙头，很自然，有特色。

必须指出的是七曲大庙即梓潼文昌宫，是道教建筑，在道教建筑中以佛像为脊刹，这种现象，与儒、道、释"三教合一"有关。"三教合一"是中国传统文化发展过程中的文化融合的现象。儒、道、释三教是中国传统文化的三大思想体系，经过长期的对立、斗争，宋、元以后出现了"三教合一"即三教合流的局面。而"三教合一"的文化融合现象在西南川、黔、滇一带较其他地方更为突出。道观中以佛像为脊饰就是例子。

图9-1 七曲大庙天尊殿侧廊脊刹

梓潼文昌宫，又称七曲大庙，是文昌文化的发
祥地。我国有"北有孔子南有文昌"之说。梓
潼是文昌帝君的故里。文昌帝君为道教的神，
可是脊刹上却是一尊佛像。这是儒道释"三教
合一"的表现

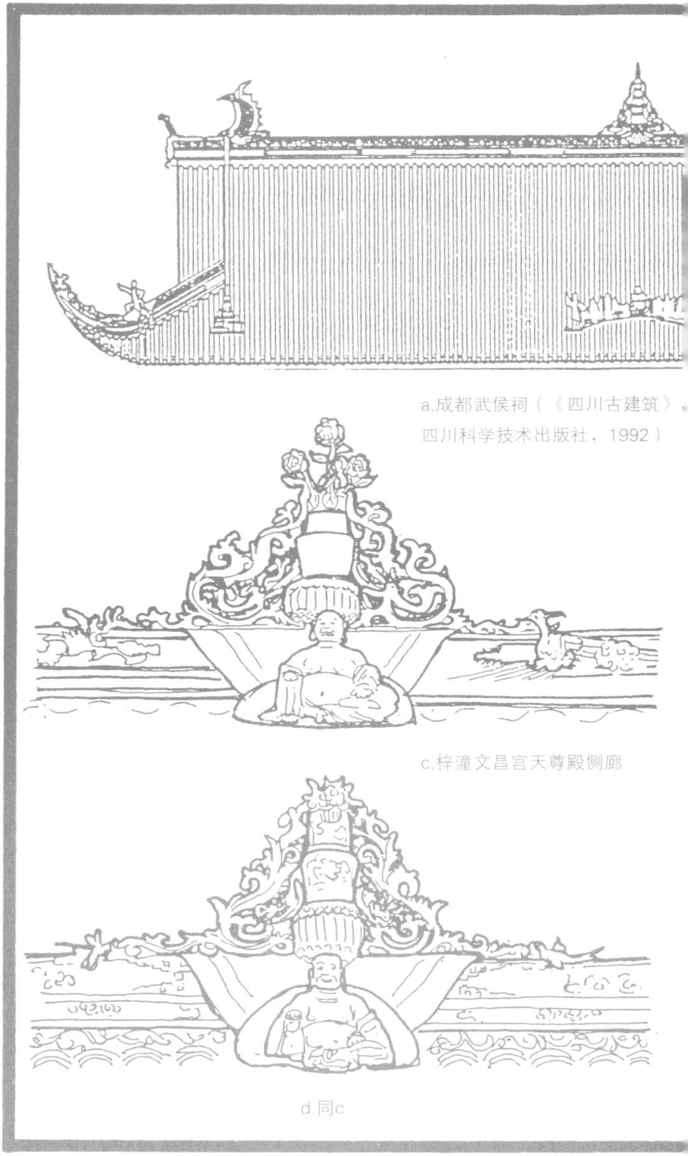

a.成都武侯祠（《四川古建筑》，
四川科学技术出版社，1992）

c.梓潼文昌宫天尊殿侧廊

d.同c

图9-2 四川古建筑脊饰（一）
四川古建筑脊饰有明显的地方特色。脊刻有佛有道，有宝瓶，
有四龙戏珠，有以瓦叠成的铜钱图案，象征富足。

b.武侯祠脊刹（同a）

e.文昌宫应梦仙台

f.阆中张飞庙正殿

g.杨闇公故居

脊 饰 ｜ 川 滇 乡 风

筑境 中国精致建筑100

a.阆中华光楼脊刹

d.平武报恩寺大雄宝殿龙吻（明）

e.崇庆州文庙
大成殿龙吻

h.四川新都宝光寺龙吻
［清康熙九年（1670年）］

图9-3 四川古建筑脊饰（二）
脊刹多样，龙吻也富于变化

b.德阳市庞统祠栖凤殿脊刹

c.新都宝光寺天王殿脊刹

f.阆中张飞庙正殿龙吻

g.七曲大庙应梦仙台龙吻

i.成都文殊院大雄宝殿龙吻

j.七曲大庙天尊阁侧廊龙吻

图9-4 大理观音塘脊饰
其脊饰为一鳌鱼吻，正脊为镂空的图案，
用白色，显得洁净、朴实。

脊 川
滇
饰 乡

风

筑境 中国精致建筑100

十、江南雅丽

江南古建筑的脊饰淡雅清丽，自成一格。

一般而论，江南古建筑庙宇正脊两端用龙吻，一般建筑两端用哺脊、哺龙脊、雌毛脊等脊饰和纹头脊等形式。苏州园林的脊饰还采用寿桃、佛手、石榴等形式。正脊正中的脊刹用聚宝盆、五蝠（福）捧寿、平升三级等吉祥图案。嘉定古漪园白鹤亭以白鹤为顶饰，主题突出，白鹤造型逼真、生动、雅趣非凡。鹤为长寿的象征，在宋以前龟鹤均为长寿吉祥物，有"龟鹤同龄"的褒语。鹤的年寿极长。《淮南子·说林训》："鹤寿千岁，以极其游。"鹤与道教文化相关，仙人常有乘鹤的。道士死去称为"羽化"，即变成鹤飞翔长空。龟为古代四灵之一。"麟、凤、龟、龙，谓之四灵"（《周礼·春官·大司乐》之郑玄注）。龟长寿，宋以前为吉祥的象征。元代以后，龟出现贬义，因此，脊饰上罕见。

江南以园林甲天下，其古建筑脊饰轻、巧、秀、雅，如网师园集虚斋的脊尖上翘，做一凤头；又如，园林建筑的嫩戗发戗也淡秀雅致、亲切自然，充满画意诗情，美不胜收。

图10-1 苏州报恩寺山门龙吻
龙吻用灰塑，形态生动，不用剑把，
用义戟，与众不同

图10-2 苏州报恩寺牌坊哺鸡脊饰
屋面用青瓦，哺鸡脊用淡黄色，
显得淡雅秀气

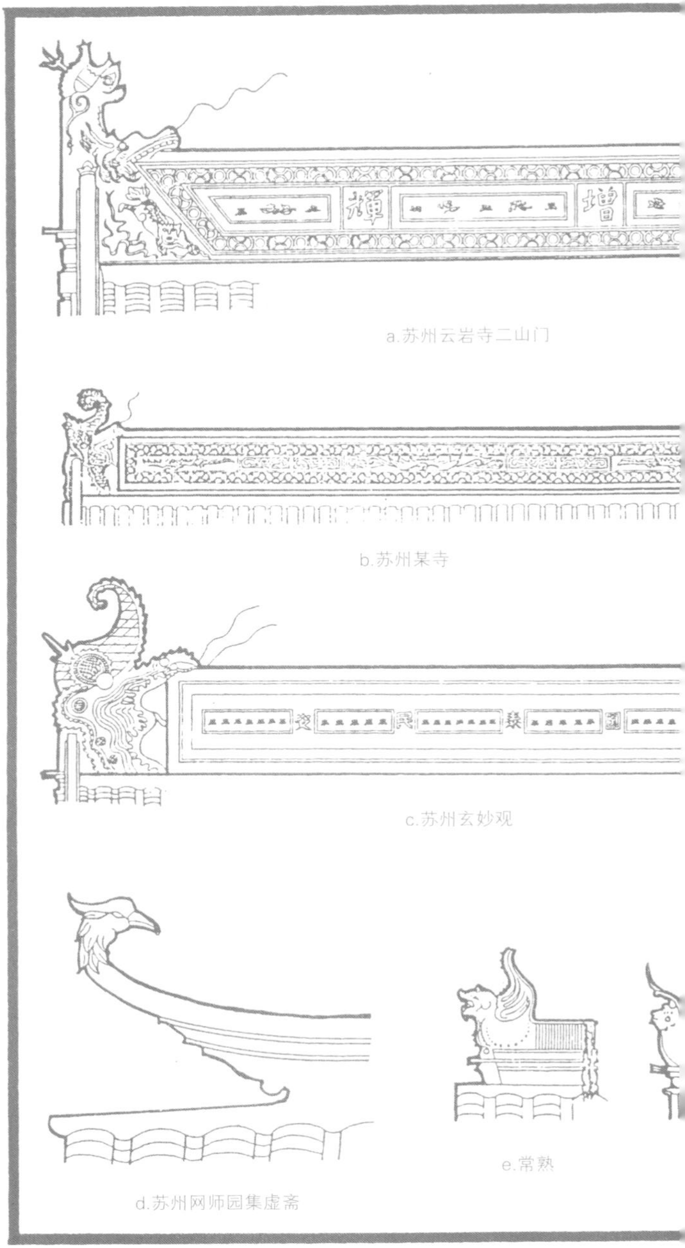

脊　江
　　南
饰　雅
　　丽

築镜　中国精致建筑100

a.苏州云岩寺二山门

b.苏州某寺

c.苏州玄妙观

e.常熟

d.苏州网师园集虚斋

图10-3 江南古建筑脊饰（一）
江南古建筑脊饰，脊端有龙吻、凤、哺鸡等多种形式，脊别有聚宝盆、
五辐（福）捧寿、平升三级等题材，戗脊起翘轻巧，装饰式样多变
（中国建筑技术中心建筑历史研究所，《中国江南古建筑装修装饰图
典》，中国工人出版社，1994年）

g.苏州史家巷（聚宝盆）

h.苏州史家巷（五蝠捧寿）

i.无锡七尺场钱宅

j.苏州高师巷2号照壁（平升三级）

o.苏州园林

k.上海豫园全春堂

l.常熟

m.盛泽

n.苏州悬桥巷

p.常熟兴福寺

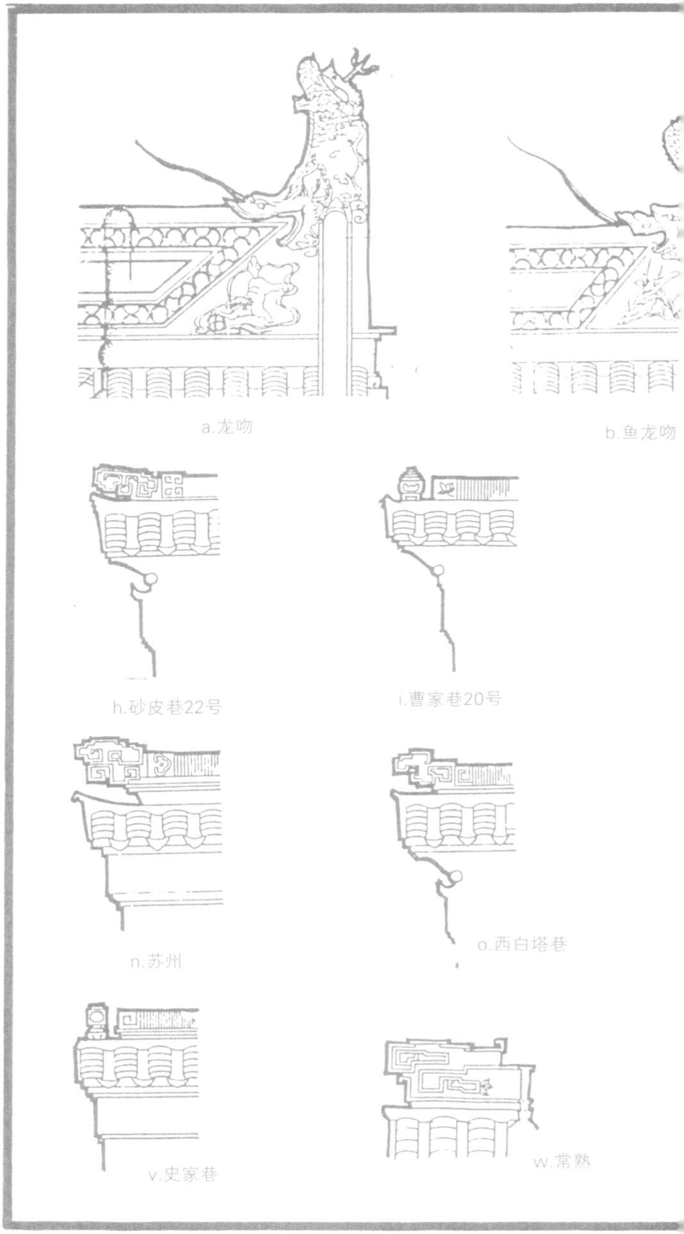

脊饰｜江南雅丽

筑境 中国精致建筑100

a.龙吻

b.鱼龙吻

h.砂皮巷22号

i.曹家巷20号

n.苏州

o.西白塔巷

v.史家巷

w.常熟

图10-4 江南古建筑脊饰（二）

江南古建筑脊端部装饰变化万千，有龙吻、哨龙、仙桃、佛手、石榴、如意等多种，美不胜收（据《营造法原》和《中国江南古建筑装修装饰图典》）

c.甬龙脊

d.无锡

e.无锡

f.苏州

g.常熟

k.湖州

l.留园冷香阁

m.苏州

南市桥巷

q.苏州

r.苏州

t.常熟

u.畅园

x.盛泽

y.苏州

z.常熟

a'.苏州

脊　饰

江南雅丽

筑境　中国精致建筑100

图10-5 镇江金山寺龙吻瓦脊（上）
龙吻颇黄色，形态简洁，用面透瓦花脊，朴素美观

图10-6 上海嘉定古漪园白鹤亭白鹤脊饰（下）
白鹤亭脊饰以白鹤，主题突出，花卉形态生动，逼真　鹤是长寿的象征，
属吉祥动物

十一、闽台龙腾

　　闽、粤、台一带古属百越，多以蛇为图腾。闽人为越人的一支，称为闽越，以蛇为图腾。《说文解字》释"闽"为："东南族，蛇种。"福建民间至今仍有崇蛇遗俗，境内各地自古建有蛇王宫、庙，以奉祀蛇神，至今长汀罗汉岭、南平西芹、闽侯洋里及漳州、永春、水口都有蛇王庙，福清、莆田等地的蛇王庙称"青公庙"。

　　龙的形象主要来自蛇、蜥蜴和鳄鱼。随着中华各民族的文化的融合，龙成为中华民族共同崇拜的神圣的象征物，而原先有蛇图腾崇拜的民族对龙更是崇仰有加，墙上画龙纹，柱子雕龙形，屋顶加龙饰，龙成为建筑装饰最常用的题材之一。这是闽、粤一带多龙饰的文化渊源。

　　台湾高山族人以蛇为图腾，台湾汉族人多来自闽、粤，因此，台湾传统建筑屋顶多龙饰。

　　福建古建筑脊饰以色彩绚丽、姿态生动而独树一帜。福建古建筑正脊两端起翘明显，为中华各地古建筑之冠。两端起翘处呈燕尾分叉状，外形十分优美。其脊刹，或为宝塔，或为双龙戏珠，或为双凤朝阳。脊端龙饰生动多样，各不相同。一般龙下方有一凤，有龙凤呈祥之意。南普陀古建筑饯脊上以飞龙舞凤装饰，浪漫奇特。古建筑垂脊上往往饰有戏曲人物。中国元代戏曲流行，元明以后，戏曲文化影响了脊饰艺术，脊饰上往往出现戏曲人物，如三国、水浒、封神、西厢，等等，脊饰成为一个历史文化舞台。

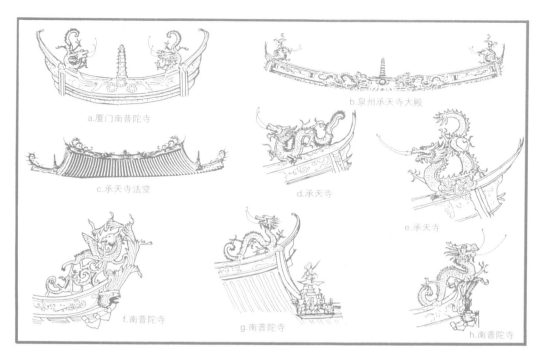

a.厦门南普陀寺

b.泉州承天寺大殿

c.承天寺法堂

d.承天寺

e.承天寺

f.南普陀寺

g.南普陀寺

h.南普陀寺

图11-1 福建古建筑脊饰
福建古建筑色彩绚丽，以龙凤为主题，
尤以龙为主题。屋脊两端起翘明显，龙
姿势多样，生动有神。

脊 饰

闽 台 龙 腾

⊙ 筑境 中国精致建筑100

图11-2 福建厦门南普陀寺龙脊饰（一）（上图）
龙脊张牙舞爪，昂首向上向前，脊下方有一凤头饰

图11-3 福建厦门南普陀寺龙脊饰（二）（下图）
龙头向内，龙尾向上卷成圈状，形态别致，屋脊下端有一凤饰

图11-4 福建厦门南普陀寺龙脊饰（三）（上图）
行龙回首，姿态生动，加上屋脊燕尾高翘，更添动感。

图11-5 福建厦门南普陀寺龙脊饰（四）（下图）
彩凤飞翔，羽毛呈卷草状，色彩艳丽

图11-6 垂脊神话人物装饰

元明之后，受戏曲艺术的影响，南方各地脊饰中出现戏
曲故事人物，如《水浒传》、《封神演义》、《三国演
义》、《西厢记》等。此图泥仙为封神榜人物

十二、岭南异彩

　　岭南明清时期经济发展，受戏曲艺术的影响，古建筑的脊饰出现异彩纷呈的局面。明清时，尤其是清中叶以后，岭南建筑脊部成为琉璃和陶塑、灰塑艺术的神圣舞台，神话传说、民间故事、历史典故、仙山楼阁、奇花异草、岭南瓜果、山水佳境，莫不竞相登台，一展风采。

　　珠江三角洲的粤人具有强烈的祖先崇拜的传统，岭南因而多祭祀祖先的祠庙。其脊饰典型性代表建筑有三座：佛山祖庙、陈家祠、龙母祖庙。佛山祖庙供奉北方真武帝。《后汉书·王梁传》："玄武，水神之名。"李贤注："玄武，北方之神，龟蛇合体。"按玄武即道家所奉之真武帝，宋时避讳，改玄为真。这真武大帝即番禺族的祖先禺京（又名禺强），即鲧。已知禺京以鲸为图腾，玄武之像为龟蛇，是否矛盾呢？其实并不矛盾。作为北方近海民族，其以鲸、蛇为图腾，取水中动物之大者，以龟为图腾取灵龟不死。按《山海经·海外南经》："虫为蛇，蛇号为鱼。"《山海经·大荒西经》："蛇乃化为鱼。"即鱼、蛇可以转化。《庄子·大宗师》注云："北海之神，名曰禺强，灵龟为之使。"可见，禺京既以鲸为图腾，也以龟蛇为图腾。由上可知，佛山祖庙供奉的真武帝正是番禺族的祖先禺强。《礼记·檀弓》曰："夏后氏尚黑。"作为夏族后裔的越人有尚黑之俗，服饰、建筑色彩均多黑色。这种习俗，已有四千年之久。

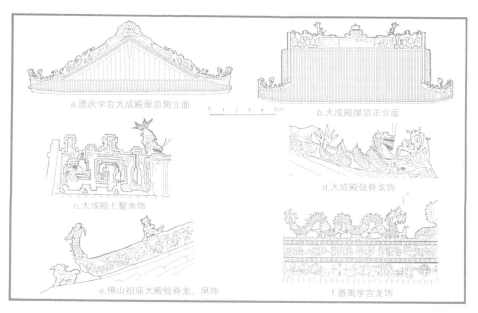

a.德庆学宫大成殿屋顶侧立面

0 1 2 3 4 5m

b.大成殿屋顶正立面

c.大成殿上鳌鱼饰

d.大成殿戗脊龙饰

e.佛山祖庙大殿戗脊龙、凤饰

f.番禺学宫龙饰

图12-1 广东古建筑脊饰

广东古建筑脊饰形式多样，题材多为龙、凤、鳌鱼，脊端常饰夔纹。

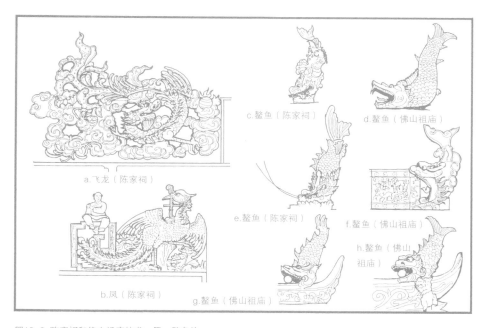

a.飞龙（陈家祠）

b.凤（陈家祠）

c.鳌鱼（陈家祠）

d.鳌鱼（佛山祖庙）

e.鳌鱼（陈家祠）

f.鳌鱼（佛山祖庙）

g.鳌鱼（佛山祖庙）

h.鳌鱼（佛山祖庙）

图12-2 陈家祠和佛山祖庙的龙、凤、鳌鱼饰

陈家祠和佛山祖庙的脊饰都很出名。其鳌鱼形式多样，其中

一种应是鲸鱼。陈家祠的飞龙姿态生动，凤也很传神。

脊饰 | 岭南异彩

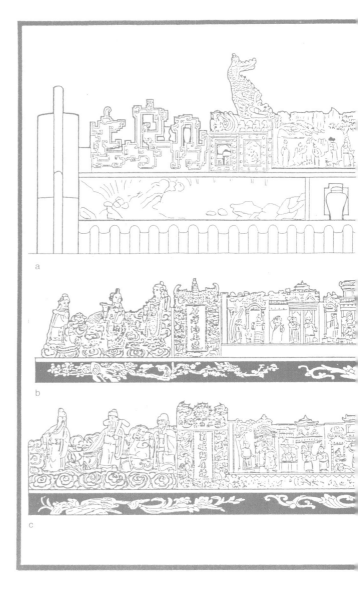

图12-3 德庆龙母祖庙脊饰

龙母祖庙脊饰别有风采，有双龙戏珠，双鳌鱼相向倒立，
有众多山水楼阁、戏剧人物

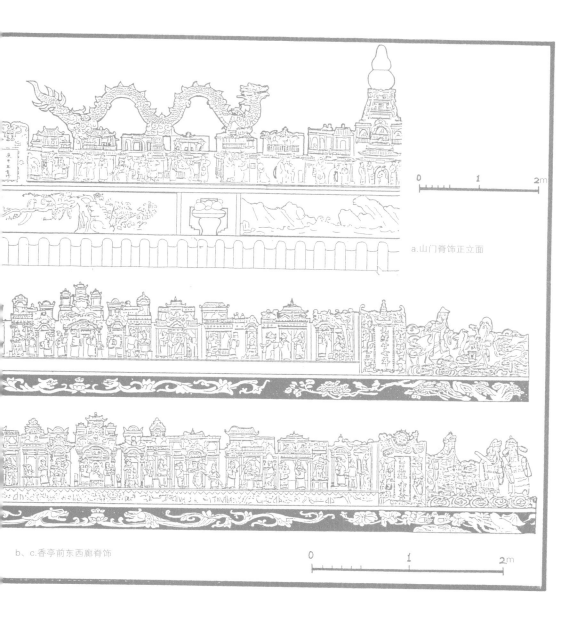

a.山门脊饰正立面

b、c.香亭前东西廊脊饰

0　　　　　　　1　　　　　　　2m

0　　　　　　　1　　　　　　　2m

筑境 中国精致建筑100

陈家祠位于广州中山七路恩龙里，为广东七十二县陈姓的合族祠，于清光绪二十年（1894年）落成。

龙母祖庙供奉的是西江一带越人祖先龙母娘娘。

广东的龙饰比较刚健。德庆学宫大成殿的脊饰为灰塑，其戗脊的龙粗壮又生动。佛山祖庙大殿的戗脊龙饰为清代作品，显得生动自然。番禺学宫大成殿的正脊的龙饰为双龙戏珠，姿态优美。正脊琉璃花砖图案有牡丹（富贵的象征）、寿桃（长寿的象征）、石榴（多子的象征），正中宝珠脊刹下方有福禄寿三字的圆形图案。

陈家祠正门正脊端部的琉璃塑飞龙，合龙、凤为一体，姿态飘逸，有乘风腾云飞去之感，为清代琉璃脊饰艺术杰作。

龙母祖庙山门正脊雨端为变纹饰、鳌鱼饰，正中为双龙戏珠题材。该脊饰在"十年动乱"中受到破坏，近年恢复，为仿古的较好作品。

广东古建筑脊饰中鳌鱼十分盛行，这与古越人的祖先禹京以鲸为图腾有关，而佛山祖庙大殿正脊的鳌鱼仍保持有鲸鱼的形态。

广东、广西古建筑的凤饰也很有特色。陈家祠脊饰有不少凤饰，凤鸟有图案化的倾向。

图12-4 陈家祠首进正厅偏间脊饰 [上]
脊饰两端为双龙，中间为亭台楼阁、历史人物，
两边有"光绪辛卯"、"文如璧造"字样，文如
璧为清末琉璃脊饰业名匠。脊饰下部为山水图。

图12-5 佛山祖庙脊饰 [下]
脊饰上为一凤鸟，下为亭台楼阁、历史人物，右
边亦有"文如璧造"字样，也是光绪间作品。

佛山祖庙的脊饰凤鸟风格较为写实。恭城文庙的脊饰凤鸟头大，有点似犀鸟的头，羽毛很美，与以上二者不同。

岭南古建筑脊饰题材丰富多样。佛山祖庙脊饰题材有："唐明皇游月宫"（端肃门上）、"桃园结义"（崇敬门上）、"郭子仪祝寿"及八仙人物（东廊）、"哪吒闹海"和降龙、伏虎二罗汉（西廊）。此外，还有"三探樊家庄"、"长坂坡"、"三英战吕布"、"断桥会"、"双龙戏珠"，等等。还有"文五麟"（飞禽为凤、孔雀、雉等）、"武五麟"（为虎、狮、麒麟等）。

陈家祠共有十一条陶塑琉璃脊饰，分别装设在三进三路九座厅堂屋脊上。其中，中进聚贤堂脊饰规模最大，制作也最精美。其长27米，高2.9米，连同基座总高4.26米，共塑有224个人物，内容有"群仙祝寿"、"加官晋爵"、"八仙贺寿"、"和合二仙"、"麻姑献酒"、"麒麟送子"、"虬髯客与李靖"、"雅集图"等；各组图案间又用玉堂绶带鸟和牡丹组成图案，表示荣华富贵；还用各式缠枝瓜果图形表示"瓜瓞连绵"，寓意子孙昌盛，连绵不断。

陈氏书院（即陈家祠）脊饰上的灰塑，总长度达1800余米，规模之大，塑艺之精，题材之丰富，为广东之冠。

龙母祖庙脊饰题材也极为丰富，有龙母娘

图12-6 广西恭城文庙夔纹凤鸟脊饰（局部）
该凤鸟为琉璃饰件，形态与陈家祠、佛山祖庙
凤鸟不同，头大，色泽艳丽。

图12-7 陈家祠首进正厅脊饰局部（局部）
脊饰下部为灰塑"福禄寿图"，上部琉璃亭台
楼阁、历史人物。

娘、封神演义、三国演义、哪吒闹海、八仙、文武五麟，等等，还有福、禄、寿三星以及蝙蝠（福）、鹿（禄）、松鹤（寿）图案，山门屋顶两端垂脊上有日神和月神，象征阴阳。

佛山祖庙、龙母祖庙和陈家祠的脊饰集广东民间工艺之大成，令人目不暇接，宛如进入琉璃陶塑、灰塑艺术展览馆。

十三、神佛风韵

宗教文化对中国古代建筑的脊饰有相当的影响，佛殿更是如此。

摩羯是印度神话中一种长鼻利齿、鱼身鱼尾的动物。它被认为是河水之精，生命之本，造型出自鱼、象、鳄鱼三种动物。其形象通过佛教经典、印度及中亚的工艺品，以及天文学中的黄道十二宫中的摩羯宫等渠道传入我国，然后其形象逐渐华化。

与印度摩羯形象较接近的，有承德外八庙之一的须弥福寿庙妙高庄严殿金顶的垂脊兽，以及西藏布达拉宫金顶的垂脊兽，它们均有长长的象鼻子，甚至雄象的獠牙，但均已长了一对龙角，出现了中国的特征。承德外八庙之妙高庄严殿的博脊吻饰，既有长鼻子，又有龙角和剑把，是龙吻与摩羯结合的产物，也即中印建筑脊饰文化交融的产物。

喇嘛教中有一些具有宗教意义的脊饰，如法轮卧鹿，象征佛教昌盛，法轮常转；法幢，象征佛胜外道而取得胜利；孔雀，象征吉祥如意等。

傣族普遍信仰南传佛教，其佛殿脊饰很有特色，其正脊正中或为一小窣堵波，或一个类似塔刹的饰物，沿正脊、垂脊和戗脊布置成排的火焰状、塔状和孔雀等禽兽的琉璃饰品，屋面靠屋脊中部及角部瓦上有灰塑卷草图案。

除佛教外，伊斯兰教脊饰也有特点。世界各地清真寺建筑顶上往往高耸起新月饰，新疆喀什艾提卡尔清真寺、阿巴霍加玛札也不例外。

据考证，新月在清真寺上作为宗教标志，开始仅为奥斯曼土耳其人所特有。后来随着奥斯曼帝国的强盛和影响的扩大，新月才与伊斯兰世界发生了密切的关系。新月被认为是幸福、欢乐、新生的标志，或者是壮大中的新宗教的表示。

脊 神
饰 佛
　 风
　 韵

筑境
中国精致建筑100

a.印度阿马拉瓦蒂的摩羯鱼纹饰
（见《文物》，1983年第10期第79页）

b.莫高窟第61窟（西夏）
黄道十二宫图中的摩羯纹

c.唐代银盘上的摩羯鱼纹

d.西藏布达拉宫金顶垂脊兽
［清顺治二年（1645年）］

e.承德外八庙之妙高庄严殿的博脊吻饰
［清乾隆四十五年（1780年）］

f.承德须弥福寿庙妙高
严殿金顶垂脊兽［清乾隆
四十五年（1780年）］

图13-1 喇嘛教建筑脊饰
喇嘛教建筑脊饰很有特色。印度神话中的摩羯鱼传入后与中国传统的龙
吻相结合，产生象鼻子龙式摩羯鱼。另外，法轮卧鹿、孔雀、梵鳞法
轮、命命鸟等，都是特有装饰题材

g.承德普陀宗乘之庙大红台小殿之法轮卧鹿脊饰

h.大红台孔雀脊饰

摩竭鱼

祥麟法轮

命命鸟

i.十三世达赖灵塔殿金顶脊饰（古建园林技术.1994.4）

图13-2 瑞丽佛殿上部脊刹（上）
南传佛教云南瑞丽佛殿上油率有类似塔刹一样的脊刹，十
分特别

图13-3 云南傣族佛寺屋顶装饰（中）
傣族佛殿正脊背刹如同塔刹，在正脊、垂脊、刹浮布置成
排的火焰状、塔状、礼兽等饰物

图13-4 云南傣族佛殿正脊脊刹（下）
其正脊脊刹如同傣族佛塔塔刹，很特别

脊 神
　 佛
饰 风

韵

◎筑境 中国精致建筑100

图13-5 新疆阿巴霍加玛札低礼拜寺的尖塔脊饰
脊饰为脊刹上串两个宝珠，最上为一个新月形装饰

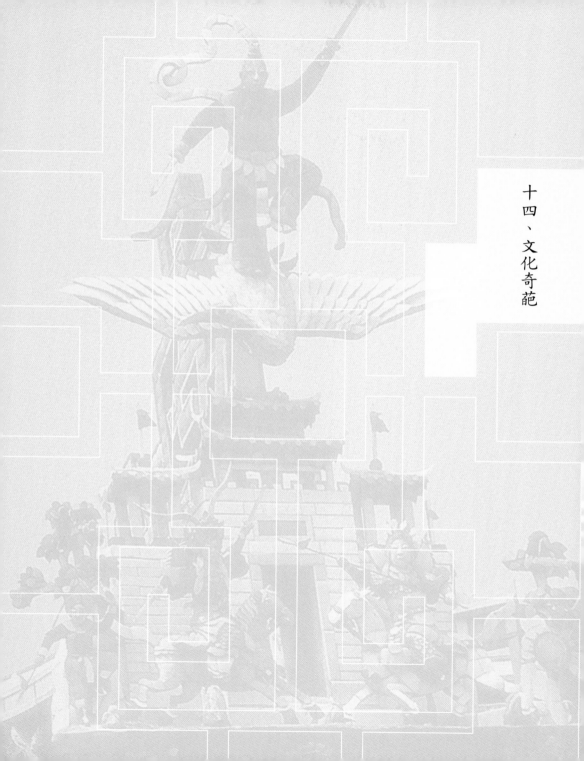

十四、文化奇葩

中国古建筑的脊饰有深远的文化渊源，可以上溯到八千年以前。中国古代的文化，由生殖崇拜文化发展出图腾崇拜文化，由图腾崇拜文化发展出祖先崇拜文化，脊饰的发展与以上文化的发展系列密切相关，并与宗教文化、民族文化、民俗文化相互结合，从而呈现千姿百态、异彩纷呈的文化景观。如果把屋顶比作中国古建筑的冠冕，那么脊饰就是那冠冕上闪亮的令人炫目的宝珠。如果把建筑文化比成争艳的百花，那么脊饰文化就是那百花中的奇葩。

图14-1 游龙卷草戗脊（广东德庆学宫大成殿）
广东粤西古建筑脊饰与珠江三角洲有些不同，
灰塑用得较多，琉璃用得少些。这戗脊上的游
龙，生动壮实，色彩用土红，很有特色。

大事年表

朝代	公元纪年	大事记
	约前6000年	已出现龙图腾图案（辽宁葫芦岛市杨家洼遗址）
	约前5000—前4000年	浙江河姆渡遗址出土骨雕上有鸟的形象
	约前4000年	河南濮阳西水坡遗址中发现用蚌壳摆成的龙虎图案，年代约距今6000年
	约前3000年	内蒙古翁牛特旗红山文化遗址中出土一件大型玉龙，年代约距今5000年
	约前3000—前2000多年	良渚文化遗址中的玉璧、玉琮上刻着"阳鸟山图"
战国	前475—前221年	鸟脊饰流行
汉	前206—220年	凤脊饰和鸟脊饰流行
东汉	25—220年	东汉明器陶屋脊饰上已有鸱尾形象
唐代	618—907年	唐代中期的乐山凌云寺石刻上已出现鸱吻
后蜀	934年	四川孟千祥墓门上出现龙鸟合一的鸱吻
明	1368—1644年	脊饰呈多元发展，因地方、民族、宗教文化的不同而呈现不同特色
清	1644—1911年	

图书在版编目（CIP）数据

脊饰／吴庆洲撰文／摄影／制图.—北京：中国建筑工业出版社，2013.10
（中国精致建筑100）
ISBN 978-7-112-15769-3

Ⅰ.①脊… Ⅱ.①吴… Ⅲ.①古建筑-屋顶-建筑装饰-中国-图集 Ⅳ.① TU-092.2

中国版本图书馆CIP 数据核字〔2013〕第200884号

◎中国建筑工业出版社

责任编辑：董苏华 张惠珍 孙立波
技术编辑：李建云 赵子宽
图片编辑：张振光
美术编辑：赵 清 康 羽
书籍设计：瀚清堂·赵 清 周伟伟 康 羽
责任校对：张慧丽 陈晶晶 关 健
图文统筹：廖晓明 孙 梅 骆毓华
责任印制：郭希增 臧红心
材料统筹：方承艺

中国精致建筑100

脊饰

吴庆洲 撰文/摄影/制图

中国建筑工业出版社出版、发行（北京西郊百万庄）
各地新华书店、建筑书店经销
南京瀚清堂设计有限公司制版
北京顺诚彩色印刷有限公司印刷

开本：889×710 毫米 1/32 印张：$3^5/_8$ 插页：1 字数：135 千字
2016年3月第一版 2016年3月第一次印刷
定价：60.00元
ISBN 978-7-112-15769-3
　　　（24357）